崔钟雷 主编

知识出版社

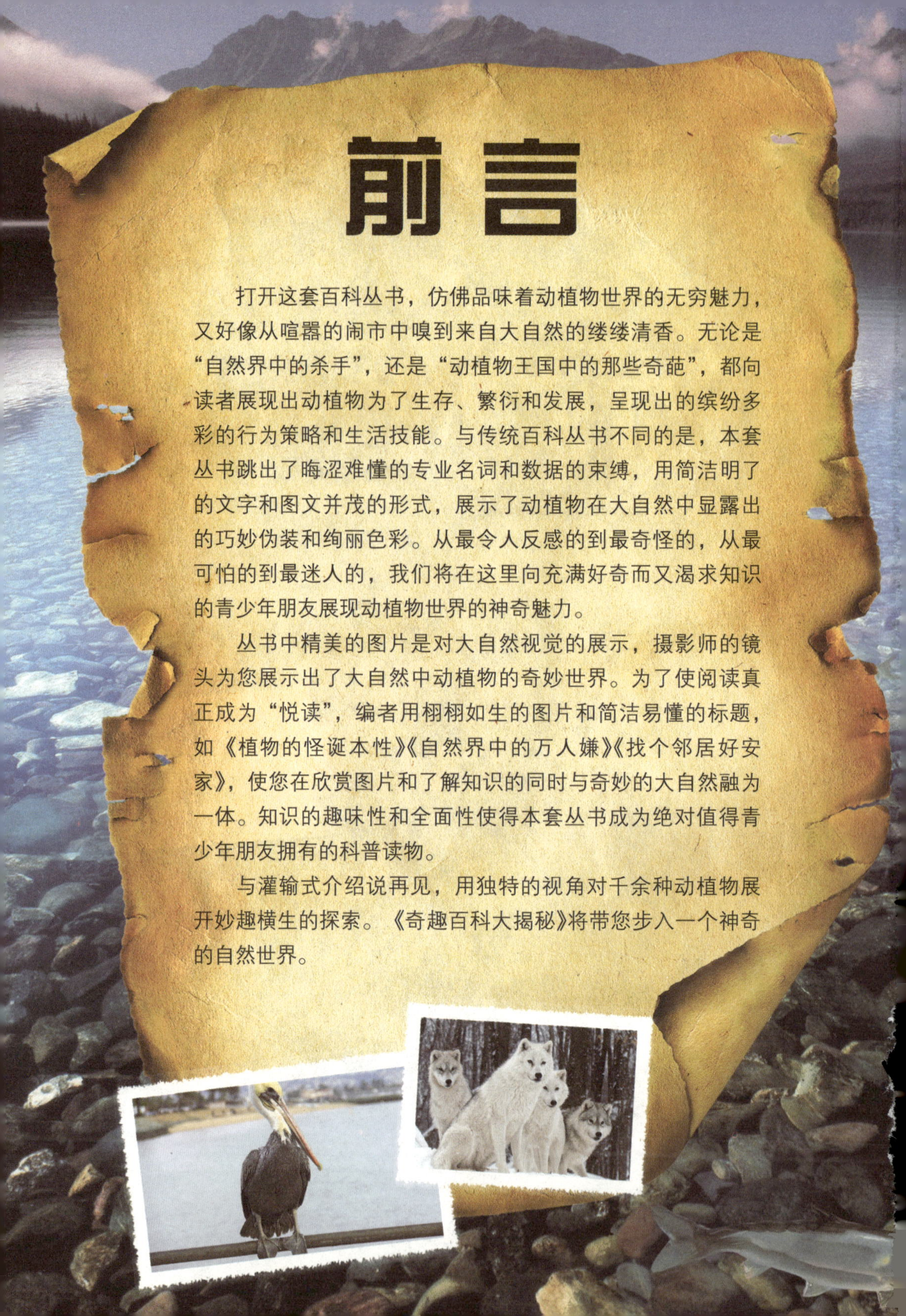

前言

打开这套百科丛书，仿佛品味着动植物世界的无穷魅力，又好像从喧嚣的闹市中嗅到来自大自然的缕缕清香。无论是“自然界中的杀手”，还是“动植物王国中的那些奇葩”，都向读者展现出动植物为了生存、繁衍和发展，呈现出的缤纷多彩的行为策略和生活技能。与传统百科丛书不同的是，本套丛书跳出了晦涩难懂的专业名词和数据的束缚，用简洁明了的文字和图文并茂的形式，展示了动植物在大自然中显露出的巧妙伪装和绚丽色彩。从最令人反感的到最奇怪的，从最可怕的到最迷人的，我们将在这里向充满好奇而又渴求知识的青少年朋友展现动植物世界的神奇魅力。

丛书中精美的图片是对大自然视觉的展示，摄影师的镜头为您展示出了大自然中动植物的奇妙世界。为了使阅读真正成为“悦读”，编者用栩栩如生的图片和简洁易懂的标题，如《植物的怪诞本性》《自然界中的万人嫌》《找个邻居好安家》，使您在欣赏图片和了解知识的同时与奇妙的大自然融为一体。知识的趣味性和全面性使得本套丛书成为绝对值得青少年朋友拥有的科普读物。

与灌输式介绍说再见，用独特的视角对千余种动植物展开妙趣横生的探索。《奇趣百科大揭秘》将带您步入一个神奇的自然世界。

目录

CONTENTS

第一章 奇异的昆虫世界

第二章 千姿百态的水生王国

第三章 绚丽多彩的鸟类家族

目录
CONTENTS

第一章

奇异的昆虫世界

昆虫蜕皮的秘密

昆虫在生长过程中，都要经历几次蜕皮。昆虫的表皮并不像人类的皮肤那样富有强性，昆虫的表皮是一种细胞的分泌物，它不会随昆虫身体的增长而增长。当昆虫身体长大时，原有的表皮无法适应身体的增长，以至于阻碍昆虫的生长发育。此时，昆虫就会蜕去原有的旧皮，取而代之的是旧表皮下的新表皮。在昆虫蜕去旧皮前，新表皮已经长好。不过这层新表皮在旧表皮的包裹下，又皱又软。新表皮的主要成分是一种能溶解于水的、柔软的蛋白质。其中的一部分蛋白质在后来新分泌的一种化学物质作用下，变成了不溶解于水的、硬的蛋白质。于是昆虫柔软的新表皮很快便变硬了。

蝉刚蜕完皮时，翅膀很软，它们通过其中的体液管使之展开。蝉体内的体液注入体液管而使双翼展开，当液体被抽回蝉体内时，展开的双翼已经变硬了。

智多星训练营

为什么昆虫会蜕皮呢？其实，昆虫蜕皮的现象是因为内激素的作用。昆虫的生长发育和行为都会受到激素的调节。内激素是指由昆虫体内的内分泌器官分泌的，对昆虫的生命活动起着调节作用的激素。昆虫的蜕皮活动就是在内激素中的蜕皮激素的调节下完成的。

螳螂属于不完全变态发育的昆虫，幼虫从卵中孵化出来以后，经过数次蜕皮，羽化发育为成虫。

蝉蛹的前腿呈钩状，这样当成虫从空壳中出来时，可以牢牢地挂在树上。

蝗虫幼虫一生要蜕皮5次，从卵孵化到第一次蜕皮，是1龄，之后每蜕皮一次增加1龄。3龄后，翅芽明显。5龄以后，变成能飞的成虫。

蚂蚁——真正的大力士

蚂蚁是动物界的弱者，它个头矮，体重轻，但是却拥有很大的力气。我们常会在路上看到一只小蚂蚁举着比自己身体大很多倍的东西往前走，也许有人会注意到蚂蚁所搬物体的体积和重量，并对此深感惊奇。

如果把蚂蚁的体重和它所搬运的物体的重量做对比的话，结果十分惊人。它所举起的重量竟然超过它体重一百多倍，而世界上从没有一个人可以举起超过他本身体重三倍的重量。所以说，蚂蚁是真正的大力士。

蚂蚁的脚爪里的肌肉是一个高效率的"原动机"，可以产生相当大的力量，比航空发动机的效率还要高好几倍，如此看来，蚂蚁能有如此大的力气也就不足为奇了。

自然档案馆

纲：昆虫纲

目：膜翅目

科：蚁科

蚂蚁触角呈明显的膝状弯曲，它们在互相碰触角时，能分泌出一种化学物质，传递给对方，互相交流信息。

工蚁

工蚁，又称职蚁。工蚁一般在蚂蚁群体中个头最小，但数量最多。它们的上颚、触角和胸足都很发达，善于奔走。工蚁的主要职责是采集食物、建造巢穴、喂养蚂蚁和蚁后等。

智多星训练营

当蚂蚁外出找到的食物比自身的重量大时，它就会回到蚁巢求援，它们会以触角互相碰触的方式传达信息。这些蚂蚁救兵会循着第一只发现食物的蚂蚁的踪迹，前往目标所在地。然后就会看到一长队的蚂蚁搬着战利品——一条虫子或肉骨头，集体赶回蚁巢。

兵蚁是某些蚂蚁群体中大工蚁的俗称。它们头大，上颚发达，可以粉碎坚硬的食物。兵蚁的主要职责是保卫蚂蚁群体的安全。

蜻蜓点水为哪般

蜻蜓一般在池塘或河边飞行，有时会停在草丛中休息。细细观察你会发现，蜻蜓偶尔会用尾部触碰水面，这是为什么呢？科学家们研究发现，蜻蜓点水实际上是它们的产卵行为。蜻蜓为什么一定要把卵产在水中呢？放到其他地方不可以吗？这要从它的食物说起。蜻蜓主要以蝇、蚊、小型蛾类、稻虱等昆虫为食。而蚊子的幼虫和蜉蝣的幼虫都生长在水中，蜻蜓幼虫主要以它们为食。所以，蜻蜓要把卵产在水中。

自然档案馆

纲：昆虫纲

目：蜻蜓目

蜻蜓是一类昆虫的通称，它包含晏蜓科、勾蜓科、弓蜓科、春蜓科、蜻蜓科、新蜓科、古蜓科等7科。

蜻蜓的脚在捕食时很有用处，但却不适合用来走路。除了在树枝上休息时，蜻蜓会用脚做短暂停泊外，即使是稍微移动，蜻蜓也需要扇动翅膀来完成。

蜻蜓有两对强而有力的翅膀，它就是通过翅膀的交替振动来进行飞行的，蜻蜓也能在空中进行定点飞行。

蜻蜓的脚上长有大量粗毛，抓捕猎物时，可以抓紧猎物，令其无法逃脱。

智多星训练营

蜻蜓是世界上眼睛最多的昆虫。蜻蜓的眼睛又大又鼓，每只眼睛又由数不清的“小眼”构成，这些“小眼”都与感光细胞和神经连着，它们的视力极好，而且还能向上、向下、向前、向后看而不必转头。

蜻蜓食性为肉食性，一般捕食蚊子、苍蝇、蜜蜂、蝴蝶等小昆虫，部分甚至捕食小型鱼类。

蜻蜓是不完全变态发育的昆虫，一生要经过卵、若虫、成虫三个成长阶段。

蜻蜓幼虫通过腹腔中的腮呼吸，因为它生活在水中，又被称为“水虿”。

蜻蜓幼虫采用“守株待兔”的捕食方式，常静止不动，等猎物靠近时，它们就会快速伸出卷曲的舌将猎物卷入口中。

牧场功臣——毛毛虫

毛毛虫一般指鳞翅目（蛾类和蝶类）昆虫的幼虫，有3对胸足，腹足和尾足大多为5对。

我们在走路的时候，有时会看到地上蠕动的毛毛虫，一般会觉得很恶心，要绕道避开它们。而在有的地方毛毛虫却被人们称为“牧场功臣”，这其中的原因还与仙人掌有关。仙人掌曾是澳洲大陆的一道优美景观线，但也正是由于这些仙人掌的迅速繁殖曾经使澳洲的畜牧业陷入一片恐慌。后来，人们引进了一种毛毛虫，成功地控制了仙人掌的恶性生长。其实生活中有许多这样的例子，这种利用昆虫、动植物间的生物关系保护环境的方法让人们受益匪浅。

毛毛虫有很多对脚，但它们变态为成虫的时候只保留前3对。

毛毛虫主要以植物的叶子为食，不同的种类的毛毛虫吃不同植物的叶子。有些毛毛虫吃有毒植物的叶子，将毒素储存在体内，变态为有毒的蝴蝶或是蛾子成虫。

智多星训练营

对行动迟缓，没有翅膀的毛毛虫来说，生存就是一场战争。然而幸运的是，这些聪明的小动物精通伪装和防卫。毛毛虫中还有一种叫“剧毒十二点”的，它的体内含有剧毒。

蜘蛛不会被网黏住的秘密

蜘蛛网会黏住飞虫，那蜘蛛自己为什么不会被黏住呢？蜘蛛的腹部尾端一般有6~8个纺丝器，与每个纺丝器对应的是蜘蛛身上功能各异的腺体，每个腺体能产生不同的丝线原料，蜘蛛视需要吐出不同的原料，从而织造出黏的和不黏的两种丝线。蜘蛛在网上活动时，会选择在没有黏性的纵丝上，从而避免被黏住。同时，蜘蛛只用带有毛刺的脚接触蛛网，这样一来，整个身体就挂在蛛网上，进一步减少了被黏住的可能性。如果不小心被黏住，它就会把分泌出的一种油性物质涂在自己的身上，就可以安然脱身了。

蜘蛛大都可以通过注入毒液以自卫或是杀死猎物，不过只有约200种蜘蛛会叮咬人，并可能对人的健康产生影响。大多数大个头蜘蛛的叮咬可能会使人痛苦难当，但不会产生持久的健康问题。

不同于其他节肢动物，蜘蛛的脚中没有伸展肌，但其中充满了一种奇特的液体，相当于一个液压装置，蜘蛛可以通过液压来伸展它们的脚。

除了少部分蜘蛛为植食性以外，大部分的蜘蛛都是吃肉的掠食者，它们的主要食物是小型昆虫和其他蜘蛛。

智多星训练营

最大的蜘蛛是南美洲的潮湿森林中的格莱斯捕鸟蛛。它在树林中织网，以网来捕捉自投罗网的鸟类为食。雄性格莱斯捕鸟蛛张开爪子时有 38 厘米宽。最小的蜘蛛为施展蜘蛛，人们曾经发现的一只施展蜘蛛体长只有 0.043 厘米，还没有印刷体文字中的句号大。

埋葬虫的大本领

埋葬虫又叫锤甲虫。埋葬虫科昆虫在全世界大约有175种，体长从很小到3.5厘米都有，平均体长大约1.2厘米。绝大部分埋葬虫以动物死亡和腐烂的尸体为食，把它们转化成在生态系统中更容易进行循环的物质，像是自然界里的“清道夫”，起着净化自然环境的作用。它们有些住在像蜂房的巢穴里；有些种类则住在洞穴里，啃食蝙蝠的粪便。埋葬虫在吃动物尸体的时候，总是不停地挖掘尸体下面的土地，最后会自然而然地把尸体埋葬在地下，它们也因此而得名。

自卫手段

埋葬虫穿行于动物尸体之间，身上散发着恶臭难闻的气味。当它受到惊扰时，还会从尾部排除粪液，散发出更为恶心难闻的尸臭味驱敌。

智多星训练营

埋葬虫的外表有的呈黑色，有的则五颜六色，明亮的橙色、黄色、红色都有。它们身体扁平而柔软，适合于在动物的尸体下面爬行。它们的卵产在动物的尸体上，幼虫孵化出来以后，以动物的尸体为食。

自然档案馆

纲：昆虫纲

目：鞘翅目

科：埋葬虫科

易容大师——竹节虫

竹节虫是最善于易容伪装，具有高超隐身术的昆虫。当它趴在植物上时，能以自身的体形与植物形状相吻合，装扮成被模仿的植物，或枝或叶，惟妙惟肖，如不仔细端详，很难发现它的存在；同时，它还能根据光线、湿度、温度的差异改变体色，让自身完全融入到周围的环境中，使鸟类、蜥蜴、蜘蛛等天敌难以发现它的存在。竹节虫奇特的隐身行为，比其他善拟态的昆虫技高一筹。此项隐身术之桂冠非竹节虫莫属。竹节虫还有一手绝招：只要树枝稍被振动，它便坠落在草丛中，收拢胸足，一动不动地装死，然后伺机溜之大吉。

智多星训练营

竹节虫生活在竹林里，体长达 33 厘米，是世界上最长的昆虫。其头部几乎与身体等宽，前足短小，两对细长的中、后胸足紧贴在身体两侧。前足经常攀附在竹叶的柄基上，后足紧抓竹节，极似竹枝。

大部分种类的竹节虫身体细长，呈深褐色，可以模仿植物枝条；少数种类身体宽平，呈浅绿色，可模仿植物叶片。

竹节虫体色呈节奏性变化，低温、暗光会使体色变深；相反，则变浅。

竹节虫行动缓慢，白天待在树叶上静止不动，晚上出来活动，取食植物叶子。

雌蚊子的粮食

蚊子幼虫又称为孑孓，通常生活在水下，利用口中的刷毛制造水流，使得水流进入其口中，以此来摄食有机物及微生物。

雌蚊的口器为刺吸式，特化为细长的喙，能够刺穿皮肤吸食血液。

智多星训练营

几乎每个人都有被蚊子“咬”的经历，事实上应该说被蚊子“刺”到了。蚊子无法张口，所以不会在皮肤上咬一口，它其实是用6枝针状的构造的短针刺进人的皮肤，这些短针就是蚊子摄食用口器的中心。这些短针吸人血液的功用就像抽血用的针一样。

吸血的雌蚊能够传播多种疾病，是登革热、疟疾、黄热病、日本脑炎等病原体的中间寄主。

蚊子对二氧化碳、热和汗水特别敏感，能够在一定距离之内找到恒温的哺乳动物和鸟类。

蚊子属“四害”之一。其平均寿命都不长，雌性为3~100天，雄性为10~20天。蚊子有雌雄之分，雄蚊触角呈丝状，触角毛一般比雌蚊浓密。雄蚊口器退化，主要以露水、花蜜和植物汁液为食。雌蚊则吸食动物和人的血液，在繁殖前雌蚊需要吸食血液来促进卵的成熟，因为它们只有靠血红蛋白的营养才能产卵。但也有例外，这就是我们平时看到的在草丛中或者偶尔飞进屋里的大黄蚊子，学名叫大蚊，它们的雌性和雄性都不吸血，而是靠吸食露水花蜜生存的，所以我们再见到它们不用害怕，将它们赶出屋子即可。

吸血的萃萃蝇

萃萃蝇个头不大，体形细长，全身翠绿。“萃萃”在博茨瓦纳土著人的语言中意为“会杀死牛”。它那锐利的口器，能轻而易举地刺穿厚厚的牛皮，将其剧毒的毒汁注入牛的血管，牛会马上发高烧，打摆子，往往因恶性症疾不治而亡。假若你煮食那头死牛，你也会中毒而死。你若用死牛的血浇树，大树马上会枯死。

我们知道只有雌蚊子才会吸血。可对于萃萃蝇来说，不论雌雄都会吸血。而且雄蝇会吸食体形比较大的动物的血，雌蝇则会吸食人或者体形比较小的动物的血。

萃萃蝇能够传播锥虫病，是对非洲畜牧业发展最严重的威胁。

萃萃蝇为非洲特有的昆虫，形状像苍蝇，如牛虻大小，头部前方有一根坚硬的口器，用以吸吮人和动物的血液，危害极大。

智多星训练营

萃萃蝇能传播一种昏睡病，使人整天昏昏沉沉、无精打采，严重的还会危及生命。而奇怪的是，野生动物却完全不会患上昏睡病，只有家畜才会感染这种病。

萃萃蝇主要分布在北纬15°至南纬15°的非洲地区，非洲南部地区也有零星分布。

裁剪师——象鼻虫

大多数种类的象鼻虫都有翅，体长大致在 0.1~10 厘米。其中“鼻子”占了身体的一半。看到这类昆虫令人不由得想起大象的长鼻子，因为它们的口吻部分很长，所以这类昆虫被人们称为象鼻虫。它们的最大特点是雌虫会把树叶裁断，卷起之后呈筒状，作为产卵的小窝。

象鼻虫的雌虫在产卵前，往往会以吻端之口器在植物组织上钻一个管状洞穴或横裂，然后再把卵产于筒巢内。秋天，象鼻虫开始冬眠，直到春天来临才出来继续活动。象鼻虫对经济作物的危害很大，不过值得庆幸的是，大约 95%的象鼻虫都熬不过冬天。

象鼻虫的口吻部分和大象的鼻子一样都很长，但这并不是象鼻虫的鼻子，而是象鼻虫用来觅食的口器。

自然档案馆

纲：昆虫纲

目：鞘翅目

科：象甲科

有些象鼻虫，如兰屿球背象鼻虫下翅退化，使得上翅闭合，背部硬度加强，它们堪称世界上最硬的甲虫，甚至动物学家们制作标本时都要劳驾电锯。

智多星训练营

象鼻虫是一种喜欢吃棉花的昆虫。它吃棉花植株的芽和棉桃，并在棉花上产卵。象鼻虫孵化出来的幼虫是浅黄色的，头部特别发达，能在植物茎内或谷物中蛀食。有些种类的象鼻虫，甚至在根内穿刺。因此，每到风大的时候，作物常从受害部折断。

萤火虫只在夜间发光，因为白天它们发出的光并不足以引起同类的注意。

发光的萤火虫

萤火虫是生长在干净的河边或草丛中的一种昆虫。在夜晚，我们会经常看到它们闪着绿光飞来飞去，非常美丽。那么萤火虫是怎样发光的呢？其实是萤火虫的尾部长有一个发光器。在发光器里有一种名叫“荧光素”的化学物质，当它遇到空气中的氧气时就会闪闪发光。

萤火虫发光是为了寻找异性伙伴。当雌萤火虫看到雄萤火虫闪烁着光芒时，就会跟着闪烁荧光，表明自己的心意，它们将会幸福地生活在一起。

智多星训练营

目前的研究发现，一般在日落后雄性萤火虫开始在栖息地边飞边亮；在雄虫开始活动不久，雌虫也开始出现于栖息地周围的高处。从晚上 7 点一直到 11 点半左右，在其栖息地可以见到成百成千的萤火虫发光，之后就会停止发光。

有很多种类的萤火虫雌性是没有飞行能力的。它们的体形比雄性大，能够产很多的卵。

萤火虫的腹部下部有很多白色斑块，这实际上是萤火虫甲壳中对光透明的部分，因为在这一部位的内部有一块白色的膜，能够反射光。所以日间呈现白色。

蛇蝎美人——黑寡妇蜘蛛

这种蜘蛛之所以称为“黑寡妇”，是因为黑寡妇蜘蛛在交配后，雌蜘蛛会立即咬死雄性配偶。它也许是世界上声名最盛的毒蜘蛛了，具有强烈神经毒素。它们以各种昆虫为食，不过虱子、马陆、蜈蚣和其他蜘蛛也会成为它们的美食。当猎物缠在网上，黑寡妇蜘蛛就会迅速出击，用坚韧的网将猎物严密地包裹住，刺穿猎物并向其体内注入毒素。大约 10 秒后，毒素便会起效，这段时间猎物始终由黑寡妇蜘蛛紧紧把持着，直至猎物停止挣扎，它便将消化酶注入其伤口，慢慢享用。

智多星训练营

黑寡妇蜘蛛叮咬人时，几无疼痛感，不易被人发现，但在数小时内，人就会出现恶心、呕吐、剧烈疼痛和僵硬等症状，偶尔还会出现肌肉痉挛、发热以及吞咽或呼吸困难等症状。

轻度中毒者经医治一两天后便可出院，中毒严重者则要住院一个月左右，进行观察治疗，甚至出现生命危险。

与其他节肢动物一样，黑寡妇蜘蛛具有一个含有几丁质和蛋白质的坚硬外壳。

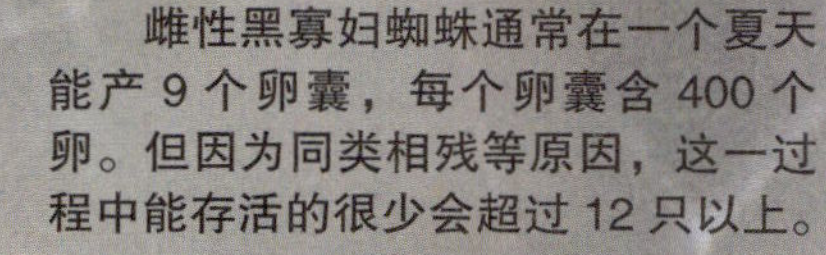

雌性黑寡妇蜘蛛通常在一个夏天能产 9 个卵囊，每个卵囊含 400 个卵。但因为同类相残等原因，这一过程中能存活的很少会超过 12 只以上。

成年雌性黑寡妇蜘蛛腹部呈亮黑色，并有一个红色的沙漏状斑记。

螳螂头部呈三角形，可以自由转动，强有力的口器能快速杀死及轻易撕开和咀嚼猎物。

食肉螳螂

螳螂属肉食性昆虫，常猎食各类昆虫和小动物，在田间和林区能消灭不少害虫。螳螂生性残暴好斗，在食物缺乏时经常会出现同类之间大吞小和雌吃雄的现象，而分布在南美洲的个别种类的螳螂还能不时攻击小鸟、蜥蜴或蛙类等小动物。

螳螂只吃活虫，以有刺的前足牢牢钳住它的猎物，然后一口一口地吃下去。由于所有的螳螂都是凶猛的食肉昆虫，所以用“捕食者”来形容它们是不足为过的。受到惊吓时，它会振翅沙沙作响，同时还会显露出鲜明的警戒色。螳螂常见于植物丛中而非地面上，常模拟绿叶或褐色枯叶、细枝、地衣、鲜花等。依靠拟态不但可帮助它们躲过天敌，而且在接近或等候猎物时也会不易被察觉。

蝗螂并没有特定的食物类型，它们吃能够抓得到的所有东西。

智多星训练营

除极寒地带外，螳螂广泛地分布在世界各地，尤以热带地区种类最为丰富。目前世界已知的螳螂种类有2200余种，中国约有110余种。其中，南大刀螂、北大刀螂、广斧螂等都是中国农、林、果树和观赏植物害虫的重要天敌。

螳螂的前肢像是两把大刀，布满了坚硬的齿状物，末端各有一个钩子，便于它们捕食和进攻。

自然档案馆

纲：昆虫纲

目：螳螂目

科：螳螂科

蜘蛛界的巨人——捕鸟蛛

在蜘蛛的世界中，有一种蜘蛛可谓蜘蛛界的“巨人”，它就是能够捕食小鸟的捕鸟蛛。捕鸟蛛大小一般在 5~15 厘米之间，和成年人的拳头大小相当。

捕鸟蛛分为树栖捕鸟蛛和地栖捕鸟蛛两种。树栖捕鸟蛛可以说是自然界中最巧妙的猎手之一。它能够在树枝间编织具有强烈黏性的网，一旦捕鸟蛛喜食的小鸟、

青蛙、蜥蜴和其他昆虫落入网中，是绝对没有逃脱的机会的。捕鸟蛛一般多在夜间活动，白天隐藏在网附近的巢穴或树根间。一旦有猎物落网，它就迅速爬过去，抓住猎物，分泌毒液将猎物毒死然后慢慢地享用。

自然档案馆

纲：蛛形纲

目：蜘蛛目

科：捕鸟蛛科

智多星训练营

南北美洲捕鸟蛛身上带有一种刺激性的毛，遇到老鼠等天敌便用后脚扫撒这种自然的致痒粉。天敌之反应如工人铺设纤维玻璃毛毡后，全身会发痒。美洲捕鸟蛛毒性低于亚洲同种类蜘蛛，因此它们仅可使用这种护身方式避敌。

捕鸟蛛的螯牙很长，一般超过5厘米，与分泌毒液的腺体相连。捕鸟蛛咬住猎物后，通过螯牙将毒液注入猎物体内，将猎物毒死。

飞行高手——七星瓢虫

七星瓢虫的鞘翅呈红色，每边都有3个黑点，在两个鞘翅中央还有一个黑点，共有7个黑点，其名字即来源于此。

七星瓢虫是一个技艺精湛的飞行家。它有一个坚硬的外套，而它那套细小精致的翅膀会从外套下伸出，不停地舞动。

七星瓢虫也有迁徙的习性。在中国，每年的五六月间，北方地区都会有成群的七星瓢虫聚集迁飞，局部海岸被密密麻麻的虫体覆盖，使海岸呈现美丽的淡红色，场面非常壮观。在飞行之前，七星瓢虫会做一个热身运动，将翅膀一次次张开又合拢。然后跳到空中，伸开足保持平衡，后翅不断扇动，使身体像滑翔机一样飞行。

自然档案馆

纲：昆虫纲

目：鞘翅目

科：瓢虫科

七星瓢虫的生态分布很广，只要是有蚜虫的地方就会有七星瓢虫的身影。七星瓢虫的成虫和幼虫均以蚜虫为食。

七星瓢虫多在小麦和油菜的根茎间越冬，也有的在向阳的土壤、土缝中过冬。冬眠期间，七星瓢虫停止活动和进食。

智多星训练营

七星瓢虫有较强的自卫能力。在它3对细脚的关节上有一种“化学武器”，当遇到敌害侵袭时，它的脚关节能分泌出一种极难闻的黄色液体，使敌人仓皇逃走。它还有一套装死的本领，当遇到强敌和危险时，它就立即从树上落下，把3对细脚收缩在肚子底下，躺在地上装死，瞒过敌人而求生。

第二章

千姿百态的水生王国

海洋发电站——电鱼

长期以来，人们一直认为电是人类的一项伟大发明，可是自然界中有一种电鱼也能够“发电”。电鱼的身体内长有一种奇特的发电器官，这是其他鱼类所不具备的。这种器官由大量半透明盘形细胞——电板和电盘组成，是电鱼进行自卫和捕食的重要工具。

电鱼的种类很多，主要包括电鳐、电鲶和电鳗。电鳗的发电器呈菱形，位于尾部脊椎两侧的肌肉中；电鳐的发电器形似扁平的肾脏，排列在身体中线两侧，共有 200 万块电板；电鲶的发电器起源于某种腺体，位于皮肤与肌肉之间，约有 500 万块电板。单个电板产生的电压很微弱，但由于电鱼身体内的电板很多，产生的电压就不容小觑了。

智多星训练营

各种电鱼的放电本领各不相同。放电能力最强的是电鳐、电鲶和电鳗。中等大小的电鳐能产生 70 伏左右的电压，非洲电鳐产生的电压高达 200 伏，非洲电鲶能产生 350 伏的电压，电鳗能产生 500 伏的电压。有一种南美洲电鳗竟能产生高达 880 伏的电压，称得上“电击冠军”，据说它能击倒像马那样的大动物。

电鲶能随意放电，并能自己控制放电时间和放电强度。电鲶依靠发出的电流击昏水中的小鱼、虾和其他的小动物，是一种捕食和打击敌害的方法。

海底筑巢大师——刺鱼

刺鱼被称为筑巢最精致的鱼。每到繁殖季节，雄刺鱼就会在水底挖出一个浅坑，然后衔来植物的碎片并堆放在坑中。这时，雄刺鱼会分泌黏液将它们黏连在一起，再用吻将其拱成圆形，最后穿出一条隧道才算完工。

在筑巢过程中，雄刺鱼会不时向着巢的方向游泳而带动水流，看上去好像是在测试巢的坚固程度；它们经常用自己的身体摩擦这个“小床”，用体侧的黏液来使它们混合，这样就变成了水草砖。此外，它们还把吻伸入水底的沙中，衔来满口的沙，而撒在这个小床上。这样反复地工作着，一直到小床被压到结实而稳固为止。

雄刺鱼是一个“喜新厌旧”的家伙，当“新娘”产完卵离开后，雄鱼就出去找另外一条雌刺鱼进巢产卵，直到卵把巢底铺满，它才停止觅侣。

智多星训练营

雄刺鱼是个慈爱的父亲，始终守护在鱼巢近旁，并随时清扫或用新材料加固巢穴，驱逐接近鱼巢的其他鱼类。即使连鱼带巢被捕获后，移入水族箱或其他水体饲养时，雄鱼仍然藏身于鱼巢之下或在巢的周围游动而不愿离巢而去。

刺鱼分布在北半球的寒带到温带，其标志性特征是背鳍前方和腹鳍有棘刺。它们的皮肤上没有鳞片，因为它们的鳞片在长期演变中进化成为像骨头一样坚硬的鳞板。

凶残的捕食者——狗鱼

狗鱼的嘴像鸭嘴，大而扁平，下颌突出，所以又称鸭鱼，是生活在北半球寒带和温带的一种淡水鱼。

黑斑狗鱼是狗鱼的一种，也是淡水鱼中性情最凶猛的肉食性鱼类之一，它除了袭击其他鱼类外，有时还会袭击蛙、鼠或野鸭等小型动物。狗鱼不但凶残而且狡猾，每当小鱼游来时，它们便藏身于搅浑的泥水中，然后突然一口将小鱼咬住并迅速吃掉一部分，剩余部分留着下次再吃。

狗鱼上颚的牙齿可以伸出来并有韧带连着，可以挂住捕住的猎物，有时也把吃不完的猎物挂在牙齿上，留着下次吃。

据说狗鱼一天就可以吃和自己体重相当的食物。因为寿命长，偶尔可发现大型的狗鱼个体，又因其肉味极佳，成为垂钓的好对象。

智多星训练营

狗鱼有着极为灵敏的视觉，能非常迅速地觉察到猎物的到来。狗鱼平时多生活于较寒冷地带的缓流河汊和湖泊、水库中，喜游弋于宽阔的水面，也经常出没于水草丛生的沿岸地带，以其矫健的“身手”袭击其他鱼类。

狗鱼的口裂极宽大，约为头长的一半，牙齿发达，上下颌、犁骨和舌上均具有大小不一致的锥形牙齿。

自然档案馆

纲：硬骨鱼纲

目：鲑形目

科：狗鱼科

水中狼族——食人鱼

食人鱼又名水虎鱼、食人鲳，是南美洲著名的肉食性淡水鱼。

雌雄食人鱼的外观相似，都有鲜绿色的背部和鲜红色的腹部，体侧有斑纹。它们的听觉异常灵敏，两颌短而有力，下颌突出，牙齿为三角形，并且上下颌的牙齿交错排列。食人鱼有锋利的牙齿，一旦发现猎物，便群起而攻之，它们能轻易咬断钢制的鱼钩或人的手指。当它们咬住猎物后，

便会紧咬不放，用扭动身体的方式将肉从猎物身上撕下来，一口就能咬下一大块肉。由于食人鱼有如此凶残的习性，因此人们将其称为“水中狼族”或“水鬼”。

世界上究竟有多少种食人鱼，这个问题到目前为止仍是个谜。新的食人鱼物种不断被发现，物种数量估计在 30~60 种。

智多星训练营

食人鱼喜欢栖息在河流的干流和较大的支流中，那里河面宽广、水流湍急。亚马孙河、圭亚那河、巴拉圭河等河流是食人鱼经常出没的场所。在亚马孙河流域，人们将食人鱼列为当地最危险的 4 种水族生物之首。

食人鱼的牙齿紧密地排列在上下两块颌骨上，锋利的牙齿易于刺穿及切断猎物的皮肤。

自然档案馆

纲：硬骨鱼纲

目：脂鲤目

科：脂鲤科

生活在陆地上的弹涂鱼

人们都知道鱼是无法离开水生活的，但是有一种鱼却例外，它既可以生活在海滩上，又可以在没有水流的泥沙中跳跃，甚至还能爬到树上生存，这种奇异的鱼就是弹涂鱼。

弹涂鱼一般分布于日本南部、韩国至香港海域，常生活在沼泽、河口以及泥滩地带，以能够在水流之外爬行、弹跳而著称。弹涂鱼的身体狭长，具有两个背鳍，其中腹鳍位于身体前侧，且愈合成吸盘。它们的头部较钝，头顶长有两只紧挨在一起的眼睛。弹涂鱼眼

弹涂鱼的胸鳍成臂状，很像哺乳动物的“脚”。弹涂鱼就是靠这两只“脚”，在海边滩涂上跳跃、爬行的。

睛很大，略有突出，鱼体为灰褐色，背部颜色较深且有小黑点，腹部为灰白色。腹鳍基部粗壮，非常有利于它们在岸上活动。

智多星训练营

弹涂鱼的眼睛虽然长得很怪异，视力却相当敏锐。它们能够用一只眼睛观察周围的动静，另一只眼睛则用来寻找食物。一旦遇到敌人来袭，它们就会立刻跳入水中，或是迅速隐藏起来，动作极为敏捷。

弹涂鱼能够用湿润的皮肤和鳃室中的水分呼吸，可以适应半水半陆的潮间带环境。

弹涂鱼虽然个体很小，但肉质鲜美细嫩，营养价值高，含有丰富的脂肪和蛋白质。

自然档案馆

纲：硬骨鱼

目：鲈形目

科：虾虎鱼科

水中除草机——海牛

海牛的皮下储存了大量脂肪，能在海水中保持体温；前肢退化为桨状鳍肢，没有后肢，但仍保留着一个退化的骨盆；眼小，视觉不佳；听觉良好。

海牛是大型水栖草食性哺乳动物，可以在淡水或海水中生活。外形呈纺锤形，颇似小鲸，但有短颈，与鲸不同。海牛是珍稀的海洋哺乳动物，也是海洋中唯一食草哺乳动物。海牛的食草量很大，一天大约能吃掉相当于自己体重 5%~10%的食物。海牛的肠子长达 30 米，而且海牛吃草通常是一片一片吃过去，因而得名“水中除草机”。海牛看起来十分笨拙，实际上却很灵活，海牛在水中的游速可达 25 千米 / 小时。

海牛的上唇可以伸缩，可用于含住海草，同时也有与同类沟通和社交的作用。

智多星训练营

野生的海牛多半栖息在浅海，从不到深海中去，更不会到岸上来，每当海牛离开水以后，它们就像胆小的孩子那样，不停地哭泣，“眼泪”不断地往下流。但是它们流出的并非泪水，而是用来保护眼珠、含有盐分的液体。

海牛的胃结构简单，但有一个很大的盲肠可以消化粗糙的植物性食物。

海牛主要分布在热带海域，包括大西洋海盆一带的浅海、加勒比海、墨西哥湾以及亚马孙河。

海牛有一半的时间在睡觉，大约每20分钟浮出水面呼吸一次，其余大部分时间都用来进食。

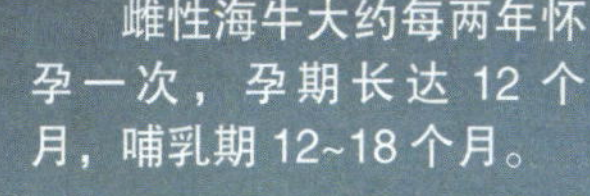

雌性海牛大约每两年怀孕一次，孕期长达12个月，哺乳期12~18个月。

自然档案馆

纲：哺乳纲

目：海牛目

科：海牛科

千里寻乡的鲑鱼

鲑鱼是世界上著名的洄游鱼类，它们在淡水江河上游的溪流中产卵，孵化后的幼鱼在淡水中生活 2~3 年，然后回到海中生活；在海中一直到性成熟时才会逆流游回出生地产卵。

在这次“旅行”中，鲑鱼会遇到很多敌人，如海洋中的鲨鱼，陆地上的灰熊，还有天空中的白头海雕等各种各样的鸟类。对于小小的鲑鱼来说，这些都是阻止它们归乡的障碍。但它们却有着不得不“回家”的理由，因为它们要延续整个种族。当它们冲破重重障碍到达出生地的时候，大多数鲑鱼都已经筋疲力尽了，但它们还不能休息，它们必须立即开始交配产卵。等待一切都结束后，大部分的鲑鱼都因精力耗尽而死去。

鲑鱼上下颌骨上没有牙齿，仅在口腔中部有少量的小牙。

智多星训练营

为什么鲑鱼能够逆流而上到几百米高的小溪去产卵？其实这是因为鲑鱼体内含有一种能显著增强体力的物质——虾青素，这种虾青素就是鲑鱼有强大体力的原因，虾青素是迄今为止发现的一种最强的抗氧化剂。

鲑鱼肉含有丰富的蛋白质、脂肪酸，但脂肪含量并不高，是一种健康的高营养食品。

鲑鱼在淡水环境中出生，然后在海中生活，又会利用太阳和地球磁场的引导洄游到出生地繁殖。

海洋歌唱家——鲂鮄

鲂鮄亦称猪叫鱼、豹鲂鮄，大都体色鲜艳，胸鳍绚丽多彩，如欧洲的灯鲂鮄，体淡红色，胸鳍具鲜亮蓝色和绿色的边缘与斑点。鲂鮄为热带、亚热带及温带近海中小型底层鱼类，广泛分布于大西洋、太平洋和印度洋，约有 9 族 70 余种。经济种类有鲂鮄属、齿鲂鮄属、绿鳍鱼、红娘鱼属等。

鲂鮄不但有一对漂亮的翅膀，

鲂鮄在水中游动时，它的胸鳍在水中一开一合如同鸟的翅膀，因此它的英文名字为“Sea Robins”（意为“在海中啼叫的鸟”）。

而且还能发出像哨笛一样令人惊叹的优美声音。人们在船上或海边就能听到鲂鮄那美妙的“歌声”。这些海洋“歌唱家”如何发声？为何发声？至今仍是一个谜。

鲂鮄有 3 对尖刺状的“脚”，这些“脚”是真正灵活的脊骨，由一部分胸鳍演变而来。

智多星训练营

鲂鮄是硬骨鱼纲、鲉形目、鲂鮄科鱼类的统称，又称红娘、绿翅，属海产经济鱼类。它们的身体呈圆筒形，前部粗大，向后渐狭小；头略呈长方形，背面和侧面被骨板；吻侧具角状突出；背鳍两个且分离，胸鳍下方具 3 个指状游离鳍条，用于海底爬行。

海底“刺猬”——刺鲀鱼

刺鲀鱼是生活在深海珊瑚礁附近的一种很像刺猬的鱼，刺鲀鱼的整个身体呈短圆形，头部和身体的背面很宽很圆。其身体构造很特殊，在肠子的下方有一个向后扩大成带状的气囊。遇险时，它会张嘴吸入空气或者大量海水，接着头部和腹部就会因此膨胀起来，变成一个大刺球，从而让它的敌人无从下口，唯有放弃这个多刺的美味佳肴了。因为从任何一个方向下嘴都必然会被刺鲀的硬刺扎伤。待危险过后，刺鲀再从鳃孔以及嘴中排出空气或者是海水，使身体恢复正常。

刺鲀鱼身体表面布满坚硬的刺，这些刺是由鳞片演化而来的。除了露在外面的尖利部分，还有底部的刺基，每当棘刺竖立起来的时候，刺基就会一块块地连接起来形成覆盖在身体表面的硬甲。

刺鲀鱼广泛分布在太平洋、印度洋和大西洋的温暖海域的珊瑚礁旁。

刺鲀鱼的上下颌相连，在嘴部前端形成一圈坚硬的喙状齿块，齿块后面有用来压碎食物的硬板。

刺鲀鱼没有腹鳍，靠着背鳍和臀鳍的摆动游泳，因此它的游泳能力很弱。

智多星训练营

刺鲀鱼除了肝脏有毒不能吃之外，其他部分都可以放心食用。这种鱼非常美味，肉质鲜美，肥而不腻。刺鲀鱼皮晒干还可以入药，用来治疗肾炎病。

独角鲸在夏季时通常会形成数量 20 头左右的关系紧密的小群体，每个小群体由同一性别或是同一年龄层的独角鲸所组成。多个小群体往往汇集在一起，形成数百头的大群体。

头顶长角的鲸鱼——独角鲸

独角鲸，又叫一角鲸。其实所谓的独角鲸的角并不是真正的角，而是它的牙齿。雌性独角鲸的牙通常长在牙床上，但雄性独角鲸的左牙会长出来，变成一条长牙，可长达 3 米。独角鲸可能是世界上最神秘的动物之一，它们只生活在北极水域，游泳速度极快，神出鬼没。在中世纪，独角鲸的牙被当作独角鲸的角远销欧洲和东亚。医生们相信把角磨成粉可治百病，因此，独角鲸的牙奇货可居，价格相当于黄金的 10 倍。今天，人类对这个物种仍然知之甚少。

独角鲸口中没有功能性的牙齿，多数雌鲸终生无齿，而雄鲸上颌两颗牙齿中左边的一颗会持续生长，形成突出唇外的长牙，可长达 3 米，重达 10 千克以上。

独角鲸是海洋深层的捕食者，它们会在海洋各层深处觅食，主要捕食鳕鱼、鱿鱼、虾以及其他底栖生物。

智多星训练营

独角鲸是群居动物，主要生活在大西洋的北端和北冰洋海域，在格陵兰海也曾发现少量的独角鲸。它们没有背鳍，即使在冰山下也可以轻松游动。独角鲸可以在海里以近乎垂直的角度下潜大约 900 米，而且每天多次重复这样的动作，绝对称得上是“潜水高手”。

珍贵的大鲵

大鲵是世界上现存最大的也是最珍贵的两栖动物。因为它的叫声很像幼儿的哭声，因此人们又叫它娃娃鱼。大鲵是国家二级水生野生保护动物，同时也是野生动物基因保护品种。

雌鲵每年 7~8 月间产卵，卵产于岩石洞内，每尾产卵 300 枚以上，产卵后的抚育任务交给雄鲵。雄鲵把身体蜷曲成半圆状，将卵围住，以免卵被水冲走或遭受敌害，直至 2~3 周后孵化出幼鲵。大鲵从外形到发育均与鱼类不同，所以它并不是鱼。大鲵的发育过程反映了脊椎动物从水生到陆生的演化。

自然档案馆

纲：两栖纲

目：有尾目

科：隐鳃鲵科

大鲵为肉食性动物，主要的食物为鱼类和甲壳类小动物。

智多星训练营

大鲵是我国特有的两栖动物，目前主要分布于四川、贵州、广西、河南等地，主要栖息于海拔 100~200 米的山区附近，在水流湍急、水质清澈的岩洞及石缝较多的溪水中较为常见。大鲵用肺呼吸，但肺发育得并不完善，需借助湿润的皮肤进行辅助呼吸，因此，它不能远离水域，必须生活在水中。

大鲵生活在水温很低的山溪里，到了冬天，在无法抵御严寒时也会冬眠，每年初冬到第二年春天，大约四五个月的时间卧在洞里不吃不喝，新陈代谢变得非常缓慢。

大鲵白天躲在洞穴里，夜间出来活动，因为视力不佳，主要依靠身体和头部感知水压的变化来捕食猎物。

鱼鳃位于鱼头部两侧的鳃腔内，鱼靠鳃在水中呼吸。鱼鳃吸收水中的氧气，并将体内的二氧化碳排出。如离开水后，鳃片上的水分蒸发，致使鳃很快变干，鳃叶黏在一起，鱼无法呼吸，很快便因窒息而死亡。

从鱼鳞看鱼的年龄

为什么看鱼鳞就能知道鱼的年龄呢？鳞片由许多大小不同的薄片构成，中间厚，边缘薄。最上面一层鳞片最小，但是最老；最下面一层鳞片最大，也最年轻。

鳞片生长时表面上就有新的薄片生成，随着鱼的年龄的增长，薄片的数目也不断增加。鳞片一年四季的生长也不尽相同，春夏生成的部分较宽阔，秋季生成的部分较狭窄，冬天则停止生长。宽窄不同的薄片有次序地叠在一起，围绕着中心一个接一个，形成许多环带，叫作“生长年带”。生长年带的数目正好和鱼所生长的年数相符合。所以，看鱼鳞就能够推算出鱼的准确年龄来。

鱼肚部的鳞多呈银白或是灰白色，犹如一面镜子，能反射和折射亮光，从而使想要袭击鱼类的凶猛的水生动物感到炫目，不辨物体，使鱼趁机逃跑，所以肚子的颜色成为天然的伪装。

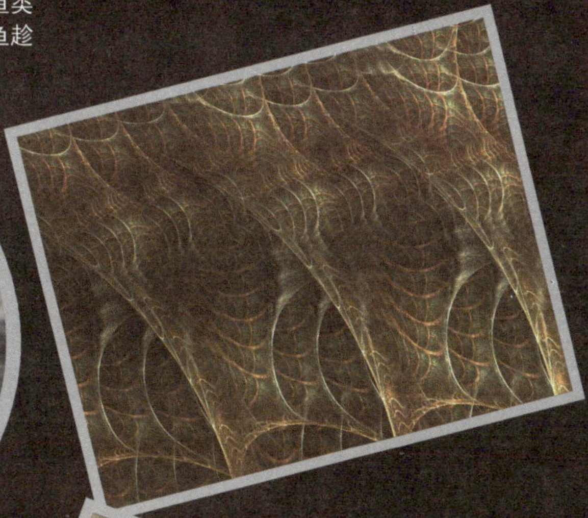

智多星训练营

鱼鳞是鱼类特有的由钙质组成的皮肤衍生物，覆盖鱼类体表的全部或部分，能保护鱼类免受机械损伤和外部不利因素的刺激，因此有“外骨骼”之称。根据其外形、构造和特点，分为楯鳞、硬鳞和骨鳞三种。

鱼的保护膜

所谓鱼的保护膜其实指的就是它身体上的黏液。大部分鱼身上都包裹着坚硬的鳞片，但也有少数鱼，如黄鳝、鲇鱼、泥鳅等，全身都布满黏糊糊的液体。这是因为它们身上的鳞片已经退化，直接暴露在外的皮肤中有不少特殊的黏液腺，能分泌出大量的黏液，形成一个黏液层。

黏液同鱼鳞一样，对鱼也有保护作用。它虽然不能阻挡硬物的撞击，但可防止霉菌的侵袭，阻挡水中有害物质从皮肤进入体内。有了它的存在，鱼的皮肤就可以密不透水，这对维持鱼体内渗透压的恒定有好处。黏液还可以让它们减少与水的摩擦力，游得更快更省力。

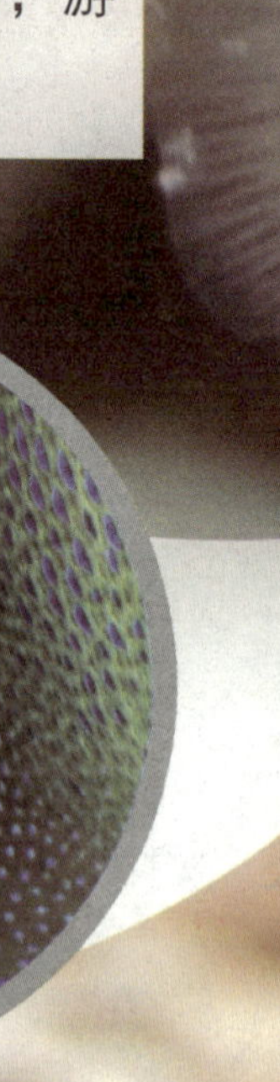

鱼尾是鱼类身体不可或缺的重要构成部分，它的主要作用是使鱼体保持平衡，在前进时可起到舵的作用，为鱼的前进提供动力支持。

有些鱼类可以不用鳃而用皮肤呼吸，因为它们的皮肤上布满了微细血管，可直接与空气接触。

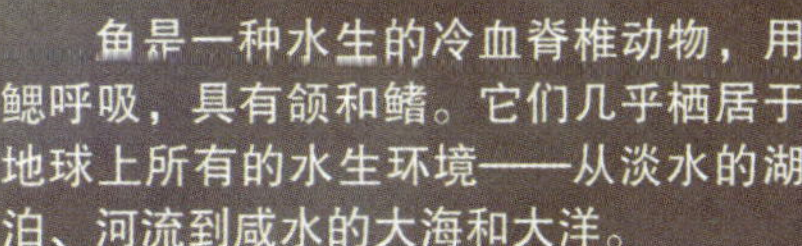

鱼是一种水生的冷血脊椎动物，用鳃呼吸，具有颌和鳍。它们几乎栖居于地球上所有的水生环境——从淡水的湖泊、河流到咸水的大海和大洋。

多数热带鱼身上布满了漂亮的花纹，这些花纹有的呈规则的几何图形，有的呈不规则的斑点状，具有保护色的作用。

纲：硬骨鱼纲

目：鲀形目

科：翻车鲀科

翻车鱼有用来保护眼睛的肌肉，像眼睑一样通过闭合来保护眼睛。

长相奇怪的翻车鱼

翻车鱼是世界上体形最大、形状最奇特的鱼之一。它们的身体又圆又扁，像个大碟子；头小、嘴小，尾鳍也退化无尾柄，很短；没有腹鳍，但背鳍与臀鳍发达，且相对较高；体侧呈灰褐色、腹侧则呈银灰色。翻车鱼看上去就像被人用刀切去了一半一样，因此，它又被称作“头鱼”。

翻车鱼生活于 1～300 米的海域，常飘浮在水面晒太阳以提高体温。翻车鱼的游泳能力不强，靠强而有力的背鳍与臀鳍摆动前进，但成鱼偶尔会平躺在水面上，或躲在海上漂流物下随水流漂流。翻车鱼为肉食性鱼类，以水母、浮游生物为食。雌鱼每次可产下约 3 亿颗的浮性卵。

翻车鱼性情温顺，因而常受到虎鲸和海狮的袭击。海狮常撕咬翻车鱼的背鳍和胸鳍，并攻击在水面上晒太阳的翻车鱼。

翻车鱼懒惰成性，平时总是喜欢懒洋洋地翻躺在海面上晒太阳，因此人们用“翻车”的名字形容它。因为它们喜欢晒太阳，又叫它“太阳鱼”。

智多星训练营

翻车鱼生活在热带海洋中，身体周围常常附着许多发光动物，它一游动，身上的发光动物便会发出亮光，远看就像一轮明月，故又有“月亮鱼”之美名。翻车鱼这种头重脚轻的体型很适宜潜水，它常潜到深海捕捉深海鱼虾。

会隐身术的石狗公

石狗公(广东本地人叫法)，头大，口大，有细牙，背部有硬棘，常见为黄褐色，相貌丑陋。它们栖息在石缝、乱石堆底、码头缝隙等处，平常单独藏在礁石的附近，一动也不动，就像是一块石头。石狗公身上的斑驳体色具有拟态和伪装的作用，它经常出其不意地猎食不小心游过的鱼或甲壳类动物。

石狗公另一个特别的地方是卵胎生，也就是受精卵在母体内孵化后再生产出来。这种鱼分布在水深 40 米以内的西太平洋区。

石狗公的身体可以长到 30~40 厘米长，它是一种经济鱼类，因其贪食的个性，常被渔民或是垂钓爱好者捕获。

智多星训练营

石狗公是属于鲉科的鱼类，俗称为石狗公仔，它的特征是背鳍软条 11~12 枚，眼下的棘不发达，通常没有棘，但头顶上有一个棘，鳃盖骨上也有硬棘，好在这些棘的毒性不强，它不像一些毒鲉那么危险。石狗公的体色由红褐色过渡到深褐色，上面有一些深色斑或白色斑。

石狗公具有高明的伪装拟态本领，能够融入海底礁石背景之中，即使敌人近在咫尺也很难发现它的存在。

石狗公虽然是底栖性鱼类，但栖息深度很浅，常可在浅水水域发现它的踪迹。

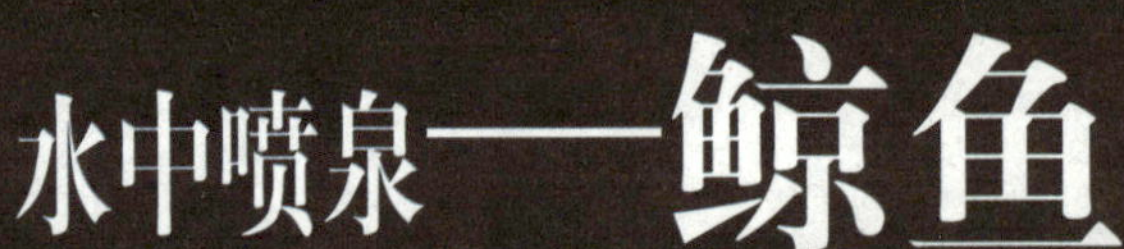

水中喷泉——鲸鱼

鲸类有一个容易暴露自己的“缺点”，那就是鲸虽然生活在水中，却仍旧要用肺来呼吸。当鲸鱼呼吸时，就需要游到水面上来，这时鲸鱼是利用头上的喷水孔来呼吸；呼气时，空气中的湿气会凝结成我们所熟悉的喷泉状。

换气时，鲸先要把肺中大量的废气排出来。由于强大的压力，它喷气时会发出很大的声音，有时竟像小火车的汽笛声。强有力的气流冲出鼻孔时，把海水带到空中，在蓝色的海面上就出现了喷泉。各类鲸鱼喷出的水柱，其高度、形状和大小是不同的，例如蓝鲸可喷出能够达到 9~10 米的水柱。

鲸鱼虽名为“鱼”，但并不是鱼，只是因为体型同鱼类十分相似，均呈流线型，适于游泳，所以被称为鲸鱼。

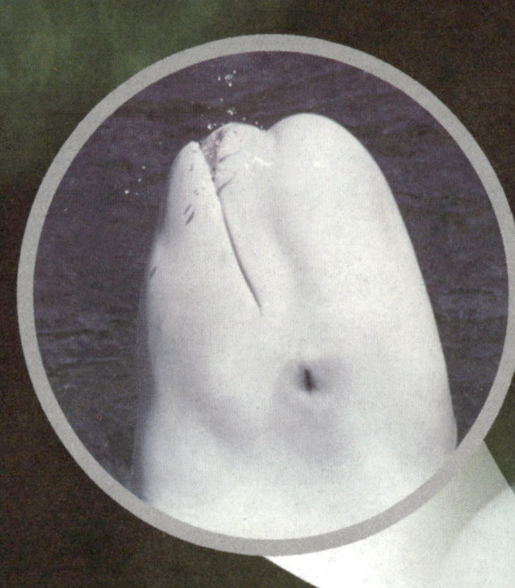

鲸鱼的吻与额部界线分明，吻突很短，看起来好像在微笑，甚是招人喜欢。

智多星训练营

鲸鱼可以潜泳 10 ~ 45 分钟，一般以浮游生物、软体生物以及鱼类为食。鲸鱼胎生，通常每胎产一子，用乳汁哺育幼鲸。但许多人将其归为鱼类，事实上它们并不是鱼类而是哺乳动物。

鲸鱼有1～2个外鼻孔，位于鲸鱼的头顶，俗称喷气孔。一般来说，鼻孔位置越靠后的鲸鱼进化程度越高。

鲸类动物的共同特点是体温恒定，大约为36℃。皮肤裸露，没有体毛，仅吻部具有少许刚毛，没有汗腺和皮脂腺。

蜇人的水母

在炎热的夏天里，当我们在海边弄潮游泳时，有时会突然感到身体的前胸、后背或四肢一阵刺痛，疼痛难忍，那准又是水母在蜇人了。那么，水母是怎样蜇人的呢？

原来，水母的身体分为两部分，一部分是露出水面的“伞”部，另一部分是浸没在水中的口腕部。有的水母在“伞”的周围长有许多小触手，有的却在口腕处长着触手。这些触手非同小可，它们的表面分布着无数刺细胞，刺细胞内有个刺丝囊，刺丝囊中藏着毒液和一盘细长的刺丝。当猎物或敌害接触到水母时，刺丝就会立即翻出，同时，囊里的毒液从空心的刺丝中发射出去，刺入对方的体内。

水母的伞状体内有一种特别的腺体，能释放出一氧化碳，使伞状体膨胀起来。当水母遇到敌害时，能够自动释放气体，沉入海底。

水母在运动时，利用体内喷水反射前进，看上去就好像一顶圆伞在水中迅速漂游。

水母是海洋中重要的大型浮游生物，它寿命很短，平均只有数月。

智多星训练营

水母身体的主要成分是水，其体内含水量一般可达97%以上，并由内外两胚层所组成，两层间有一个很厚的中胶层，不但透明，而且有漂浮作用。它们在运动之时，利用体内喷水反射前进，就好像一顶圆伞在水中迅速漂游。

水母的伞部边缘有6个感觉器官，一旦有物体靠近，它们会根据海水中的次声波快速做出反应。

水母在表皮层及胃皮层之间有一个开口，兼具口及排泄的功能。

第三章

绚丽多彩的鸟类家族

灭蝗能手——鸭子

鸭子的嘴又宽又扁，吃起蝗虫来又快又准。有人曾统计过，一只鸭子一天能吃 400 多只蝗虫，同时蝗虫也是鸭子最钟爱的美食。

有一次，我国河南、山东等地闹蝗灾，有人提出用鸭子来灭蝗。几万只鸭子被放入庄稼地里，随即地里蝗虫的数量便开始迅速减少，养鸭与灭蝗不但各不相误，还能相互影响。如果幼鸭从小吃蝗虫长大，就会长得非常肥壮，并且肉鲜味美。因此，有人专门养鸭用来灭蝗，这样既保护了庄稼，又使鸭子长得肥硕。

鸭子的羽毛很轻，所以水的浮力可以把它的整个身躯托起来，使之漂浮在水面上。

鸭子的眼睛有 360° 视域，不用转头就可以看到身后的情况。

自然档案馆

纲：鸟纲

目：雁形目

科：鸭科

鸭子经常用嘴啄擦自己的羽毛，可以将尾脂腺分泌的脂肪和胸毛分泌的粉状角质薄片涂擦在羽毛上，因此，鸭子入水后羽毛也不会沾水。

空中的强盗——军舰鸟

军舰鸟为热带大型鸟类，喉部生有喉囊，用以暂时贮存所捕食的鱼类。军舰鸟全身羽毛呈黑色，带有蓝色和绿色光泽，喉囊、脚趾为鲜红色。军舰鸟飞翔能力强，因常常在空中抢夺其他海鸟的食物，所以有“强盗鸟”的称号。

军舰鸟是世界上飞行速度最快的鸟。军舰鸟正是凭借这身绝技，才得以在空中袭击那些叼着鱼的其他海鸟。它们常会凶猛地冲向目标，使被攻击者吓得惊慌失措，丢下口中的鱼仓皇而逃。这时，军舰鸟马上急冲而下，凌空叼住正在下落的鱼，并马上吞吃下去。

雄军舰鸟繁殖期间，它的喉囊会变成鲜艳的绯红色，而且膨胀起来。雌鸟产下一枚蛋后，雄鸟的喉囊才慢慢瘪下去，颜色也变回暗红色。

军舰鸟的巢由“夫妻”两个一同搭建，雌鸟负责搜集细枝，雄鸟则把细枝铺成一个台。“夫妻”就在这个“家”中等待宝宝的降生。

智多星训练营

军舰鸟遍布于全球的热带和亚热带海滨和岛屿。在中国，只在西沙群岛有这种鸟。由于它们必须回陆地宿夜，故在海上通常与陆地保持 160 千米以内的距离。军舰鸟在海岛上群集繁殖，双亲共同抱卵，每窝只产 1 枚白色卵。

自然档案馆

纲：鸟纲

目：鹈形目

科：军舰鸟科

军舰鸟几乎整个白天都在空中飞翔，寻找食物。军舰鸟的两翼展开飞行时，两个翼尖之间的距离可达 2.3 米。

不会迷失方向的鸽子

美索不达米亚的苏美尔人是首先驯养白鸽和其他野生鸽子的人。如今在很多城镇我们都能见到颜色各异的鸽群，它们翅长，飞行肌肉强大，故飞行迅速而有力。

人们利用鸽子有较强的飞翔力和归巢能力等特性，培养出不同品种的信鸽。鸽子的归巢能力指：一幼小的鸽子在一个地方长大后，把它带到很远的地方，它仍然会找回它原来的老巢。人类养鸽已有 5 000 多年历史，培育了不少性状各异的品种。对于鸽子究竟依靠什么方法识别归巢方向，还没有一个定论。“磁场说”“太阳说”“气味说”等都各自有其根据。也许鸽子是在综合利用这些本领吧。

鸽子常数十只结群活动，喜欢栖息在海岸险岩和岩洞峭壁处筑巢、栖息、繁衍后代。

自然档案馆

纲：鸟纲

目：鸽形目

科：鸠鸽科

鸽子因其自身体形较大，所以具有飞行速度较快，但飞行高度较低的特点。

智多星训练营

作为天神的宠物，鸽子受到了广泛的尊敬并被奉若神明。在整个人类历史中，鸽子扮演过相当多的角色，从神的象征到祭祀牺牲品、信使、宠物、食物甚至是战争英雄。时至今日，它们已被视为和平的象征。

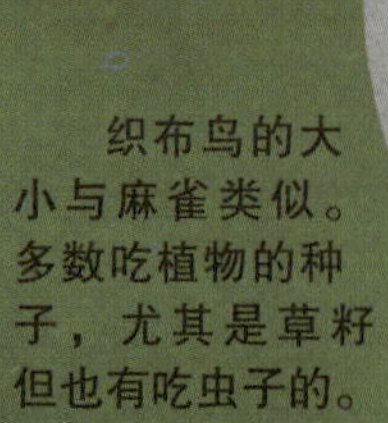

织布鸟的大小与麻雀类似。多数吃植物的种子，尤其是草籽，但也有吃虫子的。

纺织高手——织布鸟

织布鸟是鸟类乃至动物中最优秀的纺织工。繁殖期的雄鸟羽毛呈黑色和黄色，鲜艳夺目。也就是这个时期雄鸟们便开始了一场编织吊巢的角逐。它们先把衔来的植物纤维的一端紧紧地系在选好的树枝上，喙爪并用来回编织，穿网打结，织成吊巢。

雄鸟编织吊巢的过程中时不时倒吊展翅，向雌鸟炫耀。而雌鸟则在一旁充当监工的角色。雌鸟对“婚房”的品质十分挑剔。如果雌鸟不满意，雄鸟就会主动拆除自己辛勤织起来的吊巢，并在原处重新设计和编织一个更精巧的吊巢。如果这次编织的吊巢博得了雌鸟的赞许，它们便订下了终身大事，共同布置装点“新房”。

自然档案馆

纲：鸟纲

目：雀形目

科：织雀科

织布鸟主要活动于农田附近的草灌丛中，雄性织布鸟在树枝上织成吊巢向雌性织布鸟示爱。

织布鸟的第 1 枚飞羽较长，超过大覆羽。大多数雄鸟一年有两种羽色，非繁殖季节雄鸟羽色似雌鸟。

会"说话"的鹦鹉

鹦鹉聪明伶俐，善于学习，经训练后可表演许多新奇有趣的节目，是各种马戏团、公园和动物园中不可多得的鸟类"表演艺术家"，深受大众喜爱。

人们对鹦鹉最为钟爱的技能当属效仿人言。事实上，它们的"口技"在鸟类中的确是十分超群的。鹦鹉学话不过是一种条件反射，并且能掌握的词汇量也有限。

鹦鹉是典型的攀禽，对趾型足，两趾向前、两趾向后，适合抓握。鹦鹉的喙强劲有力，可以食用坚果。鹦鹉主要是热带，亚热带森林中羽色鲜艳的食果鸟类。它们的羽毛大多色彩绚丽，鸣叫响亮，那独具特色的钩喙使人们很容易认出它。

作为食果鸟类，鹦鹉的喙强劲有力，可以食用坚果。

智多星训练营

鹦鹉在取食过程中，常以强大的钩状喙与灵活的对趾型足配合完成。鹦鹉在树冠中攀缘寻食时，首先用喙咬住树枝，然后双脚跟上；当行走于坚固的树干上时，则把喙的尖部插入树中平衡身体，以加快前进速度；吃食时，常用其中一足充当"手"握着食物，将食物塞入口中。

人们喜爱鹦鹉的美丽，还为它们发行邮票，组织保育协会，甚至把它们作为智慧的象征。

飞行队形整齐的大雁

在春季或者秋季，我们常常看到空中的大雁向北方或者南方迁徙，它们时而排成一个“人”字形，时而排成一个“一”字形，十分整齐。这是为什么呢?

大雁在飞行时，除了扇动翅膀外，主要是利用上升的气流在空中滑行，从而节省体力，利于长途飞行。在雁群前面领头的老雁，翅膀在空中划过时，翅尖上会产生一股微弱的上升气流，后面的大雁为了利用这股气流，就紧跟在前面大雁的翅尖后飞行。这样一只跟一只，就排列成整齐的雁队了。这样飞行还有利于雁群对敌害进行防御。领头的大雁具有先天性的定向感，不会带领整个雁群飞离固定的迁徙路线，发生迷路现象。

大雁群居水边，往往千百只结成一群。主要以嫩叶、细根、种子为食，间或啄食农田谷物。

智多星训练营

大雁是一种既善于飞翔又善于游泳的大型雁类。它们大多栖息在麦地、河川和湖沼地区，在清晨与黄昏时外出觅食。大雁在北方西伯利亚一带繁殖，冬季则向南方温暖的地带迁徙，是人们最熟悉的候鸟之一。

人工养殖大雁时，可以大群放牧，让大雁吃牧场上的嫩草，主要在稻茬地、河坝滩涂、山坡等地活动，不用补饲，即可生长到 5 千克左右。

大雁属鸟纲，鸭科，是雁亚科各种鸟类的通称，它是一种大型游禽，形状略似家鹅，有的较小。

雁群迁徙时有规律的阵型排布不仅是为了减小阻力，而且也为了在迁徙过程中相互照应。

孔雀开屏的秘密

有的人认为孔雀开屏是在比美，这种说法正确吗？事实不是这样的，只有雄孔雀可以展开自己美丽的尾羽。

孔雀开屏最频繁的时期是三四月份，这个时期正是它们的繁殖季节。开屏现象和繁殖有密切的关系，是动物本身生殖腺分泌出的性激素刺激的结果，属于一种求偶表现。随着繁殖季节的过去，这种开屏现象就逐渐消失了。

孔雀遇到敌害袭击时也会展开尾羽，吓跑前来袭击的敌人。孔雀的尾羽上有一个个大眼斑，如同许多只大眼睛，突然出现在敌人面前，受到惊吓的敌人便会仓皇逃跑。

孔雀头上有羽冠，颈部羽毛呈绿色，多带有金属光泽。

智多星训练营

有时孔雀会在穿着艳丽服装的游客面前开屏，是因为游客大红大绿的衣服颜色和游客的大声谈笑，刺激了孔雀，引起它们的警惕。这时孔雀开屏，起到的是一种示威、防御作用。

雄性孔雀尾羽能够延长成巨大尾屏，上面有五色金翠钱纹，如同彩扇一般，很是艳丽。

有一种孔雀，全身的羽毛都呈白色，我们把它称为白孔雀，它是蓝孔雀的一种突变形态。

自然档案馆

纲：鸟纲

目：鸡形目

科：雉科

吃石子的鸡

我们常常会看到鸡在地上捡拾沙粒或是小石子吃，可能以为鸡饿了，马上喂米粒、面包屑或菜叶给它，可是食物再丰富，它还是要去寻找沙粒和小石子吃。鸡为什么有这个“怪脾气”呢?

因为鸡没有牙齿，不能嚼碎食物，只能依靠小石子、沙粒帮忙磨碎食物。鸡吃的食物和石子混在一起会被磨碎，磨碎的食物就容易消化吸收了。所以鸡除了吃食外，还要吃小石子!

作为公鸡的第二性征，它火红的鸡冠明显比母鸡的鸡冠大。

公鸡打鸣是一种“主权宣告”的表现，一方面提醒“家庭成员”它至高无上的地位，另一方面也是在警告临近的公鸡不要打它“家眷”的主意。

智多星训练营

鸡的大脑里有个松果体，松果体可以分泌一种称为褪黑素的物质。如果有光射入眼睛，褪黑素的分泌便被抑制。褪黑素能抑制性激素的分泌，也直接控制鸟类的歌唱。晨光乍现，褪黑素的分泌受到抑制，雄鸡便不由自主地“司晨”了。

鸡是人类饲养最普遍的家禽。家鸡源出于野生的原鸡，其驯化历史至少约 4 000 年，但直到 1 800 年前后鸡肉和鸡蛋才成为大量生产的商品。

通常来讲，公鸡的羽毛无论是从颜色上还是从光泽上都要比母鸡的羽毛好看。

自然档案馆

纲：鸟纲

目：鸡形目

科：雉科

爱情骗子——鸳鸯

鸳鸯在人们的心目中是永恒爱情的象征，是一夫一妻、相亲相爱、白头偕老的表率，人们甚至认为鸳鸯一旦结为配偶，便相伴终生，即使一方不幸死亡，另一方也不再寻觅新的配偶，而是孤独凄凉地度过余生。其实鸳鸯作为一夫一妻、相亲相爱、白头偕老的表率只是人们看见它们在清波明湖之中的亲昵举动后产生的美好愿望，是人们将幸福理想赋予鸳鸯的。事实上，鸳鸯在生活中并非总是成对的，配偶更非终生不变，在鸳鸯群体中，往往是雌鸳鸯多于雄鸳鸯。因此，有些科普文章戏称鸳鸯为“爱情骗子”。

鸳鸯在繁殖期成对活动，非繁殖期的时候多成小群活动。

雄鸳鸯的羽毛很是特别，肩部两侧有白纹两条；最内侧两枚三级飞羽扩大成扇形，竖立在背部两侧，非常醒目。

自然档案馆

纲：鸟纲

目：雁形目

科：鸭科

雄鸳鸯是羽毛最艳丽的鸭类，其颈部具有由绿色、白色和栗色所构成的羽冠，十分醒目。

智多星训练营

福建省屏南县有一条 11 千米长的白岩溪，溪水深秀，两岸山林恬静，每年有上千只鸳鸯在此越冬，所以白岩溪又称鸳鸯溪。它是中国第一个鸳鸯自然保护区。江西省上饶市婺源县鸳鸯湖是亚洲乃至全世界最大的野生鸳鸯越冬栖息地(现发现国家二级保护动物 6 种，鸳鸯因此被选为上饶市的市鸟)。

温度调节员——眼斑冢雉

每当进入繁殖季节，丛林间便出现了雄眼斑冢雉忙碌的身影。雄眼斑冢雉总会在地上挖一个大坑，然后向坑中填树叶，直至形成一个高出地面 1.2 米左右的树叶堆。雄眼斑冢雉就是靠这个树叶堆调节孵化卵时的温度的。

雄眼斑冢雉每天都要检查卵室内部的温度，在检查时，它迅速地在沙土层挖开一个洞，将头和上半身钻入洞内。如果温度稍有变化，便立即采取行动。因而，人们推测，雄眼斑冢雉的颈部皮肤等部位是非常灵敏的热探测器。雄眼斑冢雉一次次把沙土扒开，又一次次堆上，夜以继日地忙碌，不断调整树叶堆的温度，使堆顶的卵室温度总保持在 33.3℃。

自然档案馆

纲：鸟纲

目：鸡形目

科：冢雉科

智多星训练营

雄眼斑冢雉堆积一个大树叶堆就要花费 4 个月的时间，调整室温，负责孵化，还要忙上 7 个月。因此，雄眼斑冢雉毕生从事的“事业”恐怕就是建树叶堆和孵卵。那些树叶堆真可以说是它们的“家墓”了。

眼斑冢雉雄鸟的脸通常呈火红色，颌下的肉垂呈鲜黄色，相貌十分特别。

眼斑冢雉的羽毛呈浅褐色，上面有许多白斑，它们脖子很长并且光秃无毛。

不怕冷的企鹅

南极洲冬季的最低气温达 -88.3℃，堪称世界上最冷的地方。南极特殊的生活环境，使很多生物被迫退出这个地方。那么企鹅为什么能在南极安家呢？这得从企鹅的“家史”说起。

企鹅是最古老的一种游禽。它很可能在南极洲穿上冰甲之前，就已经来此定居了。它的主食是鱼类、甲壳类和软体动物等。这块充沛的食源地，就成了企鹅安家落户的好地方。再加上经过数千万年暴风雪的磨炼，它全身的羽毛已变成重叠、密集的鳞片状，而且皮下脂肪层特别肥厚，这些都为保持体温提供了保障。而且南极洲没有食肉猛兽，企鹅的安全就得到了保证。

企鹅的前肢成鳍状，羽毛很短，这样减小了游水时的摩擦。

智多星训练营

世界上共有18种企鹅，它的特征为不能飞翔，身体为流线型，以便在水里游泳，脚生于身体最下部，故呈直立站姿，趾间有蹼，跖行性(其他鸟类以趾着地)，前肢成鳍状，羽毛短，以减少摩擦和湍流，羽毛间存留一层空气，用以绝热。

由于近些年温室效应导致全球变暖，企鹅的食物严重短缺，南极发生了大批企鹅死亡的惨剧。

企鹅是海洋鸟类，在企鹅的一生中，生活在海里和陆上的时间约各占一半。

鸟中屠夫——伯劳

伯劳体形较小，但性情凶狠，有“鸟中猛禽”的名号。伯劳主要以小鸟、小型哺乳动物、昆虫等为食。其喙尖有利钩，很轻易地就可以把猎物撕碎，它们习惯把猎物穿在棘刺上，故称“鸟中屠夫”。

全世界共有23种伯劳，广布于非洲、欧洲、亚洲及美洲；中国有9种。红尾伯劳是本属鸟类的典型种类。其体长16~22厘米，头侧有黑纹，背面大部分为灰褐色，腹面呈棕白色，尾羽呈棕红色。红尾伯劳常栖息于树梢上张望四周，一旦发现猎物，便急飞直下捕捉猎物。

智多星训练营

伯劳羽毛色彩鲜艳，喙也不像其他伯劳鸟那样尖利，尾部有长而柔软的羽毛。四色伯劳的上体呈绿色，下体为金黄色，红色的喉咙带有黑色的边，非常好看。

到了伯劳的繁殖期，雌鸟孵卵时，雄鸟就担任警戒并衔虫饲喂雌鸟的工作。雏鸟由两性共同喂养，平均每小时喂雏鸟 17～24 次。

不要小看了伯劳可爱而又娇小的外表，有谁能相信伯劳如同一个嗜杀成性的屠夫一样呢。

鸟儿飞翔的秘密

鸟类的本领真是惊人，它们最高可飞过近 9 000 米的珠穆朗玛峰；最远可连续飞行 4 000 千米；最快速度为每小时 400 千米。为什么只有鸟类能在天空中自由飞翔呢？其秘密在于，鸟类的身体从外部到内部，都是与飞翔巧妙适应的。

鸟的胸部肌肉十分发达，还有一套独特的呼吸系统，与飞翔生活相适应。鸟类的肺实心而呈海绵状，还连有九个薄壁的气囊。在飞行时，鸟由鼻孔吸收空气后，一部分空气用来在肺里直接进行碳氧交换，另一部分先存入气囊，然后再经肺排出，使鸟类在飞行时，一次吸气，肺部可以完成两次气体交换。

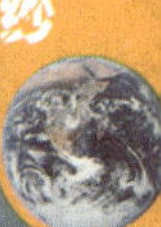

鹤是一种美丽而优雅的大型涉禽，善于奔驰飞翔，喜欢结群生活。在我国属迁徙鸟类。

鸟类的体形呈流线型，这有利于鸟儿在飞翔时减少飞行阻力。

智多星训练营

鸟类翅膀的构造完全符合气体力学原理：它不仅是流线型的，穿过空气时阻力很小，而且它的横切面成弯形，使它在空中不掉下来。空气流过翼面前缘和凸起的上面时，就会增加流速造成翼面上方压力降低；与此同时，在凹下的翼底处，空气压力则依然保持正常。由于翅膀上下两面压力的差异，就产生了升力，这样就可以自如地飞行了。

雪鸮的耐寒能力非常强，因其羽毛非常浓密，即使在气温零下 50℃的环境下还依然保持 38℃～40℃的体温。

鹈鹕飞行时两翅鼓动缓慢而有力，也能像鹰一样在空中利用上升的热气流来回翱翔和滑翔。

飞得最高的鸟

天鹅是一种候鸟，它们冬天结队迁徙到南方，飞行时长长的颈伸得又平又直，微微上扬，双翼优雅地扇动。它们飞得又高又快，每年以 9 144 米的高度定期飞越珠穆朗玛峰。而生活在尼罗河的天鹅则能在 1.7 万米的高空盘旋。天鹅不但有着美丽的外表，而且有一颗勇敢而高傲的心，性格坚韧顽强，难怪中国古代诗人视天鹅为纯洁无瑕、志向高远的象征。

第四章

妙趣横生的陆地生灵

名副其实的吸血鬼——吸血蝙蝠

大多数蝙蝠以昆虫为食，吸血蝠除外，它仅以吸食到的血液为生。所以，吸血蝠会疯狂地捕食猎物，吸食它们的血液，以维持自身的代谢，保证体内有充足的能量避免死亡。在长期的进化过程中，它们不再摄取血液以外的其他食物，因此成了动物界中的“血液杀手”。

它们在天黑之后才开始活动，每晚定时觅食。白翼吸血蝠和毛腿吸血蝠嗜吸鸟血，而大部分吸血蝠则吸哺乳类血。它们降落于牛、马、鹿等寄主附近地面，然后爬上前肢到肩部或颈部，利用其上门齿和犬齿，能切开几毫米厚的皮肤，用舌舔食流出的血液。偶而也在家畜脚上吸血，它能不时地迅速跳动，以避免寄主脚的防御动作对自己造成伤害。

尽管蝙蝠有宽大的翅膀，看上去像极了鸟类。但因为它们没有羽毛，也不生蛋，所以是哺乳动物而非鸟类。

智多星训练营

蝙蝠是唯一一类演化出真正有飞翔能力的哺乳动物，有 900 多种。它们中的多数还具有敏锐的听觉定向（或回声定位）系统。它们是哺乳动物的原因：雌性产下幼仔，用乳汁哺育。

地下工作者——土拨鼠

土拨鼠善于挖掘地洞，通常洞穴都会有两个以上的入口，以确保安全。它们多数都在白天活动，喜群居，善掘土，所挖地道深达数米，内有铺草的居室，非常舒适。土拨鼠的这种挖洞习性的原因是什么呢？原来土拨鼠繁衍太旺盛了，每胎数仔，一年多胎，而它们的习性又喜欢清静，每只土拨鼠都要有自己的“房间”。所以土拨鼠拼命地掘洞，掘好后把旧洞让给幼鼠，“父母”住新洞，就这样周而复始。它们不贮存食物在洞里，而是在夏天往体内贮存脂肪以便冬季在洞内冬眠。土拨鼠并不是田鼠。

自然档案馆

纲：哺乳纲

目：啮齿目

科：松鼠科

智多星训练营

土拨鼠最迷人的地方，莫过于那条可爱的尾巴和短短胖胖的手脚了。它的嘴巴前排有一对长长的门牙，呆呆傻傻的模样相当讨人喜欢。土拨鼠非常机警，不仅经常察看周围情况，还专门有负责放哨的。家庭饲养初期的土拨鼠胆子比较小，最好不要骚扰和惊吓它们。

土拨鼠不仅均具攀爬能力，而且还善于游泳。

土拨鼠的怀孕期大约是60～70天。幼鼠一出生就具备牙齿和皮毛，眼睛也已睁开，可立即开始进食。

攀爬高手——山羊

山羊有一种特殊的本领，它们可以在陡峭的山岩上来去自如。可以说它们才是真正的攀岩高手。在山羊家族中，岩羊、螺角山羊、高地山羊都是攀岩的高手。岩羊可以在险峻的岩石上跳跃，螺角山羊头上长有一对螺旋的角，高地山羊可以在崖壁间自由行走、跳跃。

中国山羊饲养历史悠久，早在夏商时代就有养羊的文字记载。两千多年前，中国劳动人民就开始饲养山羊，后逐步形成规模。山羊具有繁殖率高、适应性强、易管理等特点，至今在中国广大农牧区都有广泛饲养。

努比亚山羊，是一种高地山羊，主要栖息在欧洲、亚洲以及非洲东北部的山区，属稀有物种。

智多星训练营

多数学者认为现代家山羊起源于中亚细亚一带的角羊。现常见于小亚细亚、伊朗、阿富汗和巴基斯坦等地山区。也有人认为，栖息于克什米尔、阿富汗和巴基斯坦山区的螺角羊和欧洲的野山羊也是家山羊的祖先。山羊的驯化开始年代约在近 8 000 年以前，是人类最早驯养的动物之一。

螺角山羊，是分散在喜马拉雅山西部林地的一种山羊，是巴基斯坦动物的代表。

现在全球已有 150 多个山羊品种，可以分为以下类别：奶用山羊、毛用山羊、绒用山羊、毛皮山羊、肉用黑山羊和普通地方山羊。

冰美人——北极熊

就像企鹅是南极的象征一样，北极熊是北极的代表。虽然生活在寒冷刺骨的北极，但北极熊却一点儿也不在乎。北极熊的毛中间是空的，可以把阳光反射到毛发下面的黑色皮肤上，帮助吸收更多的热量。在北极那种寒冷的气候下，北极熊能够不怕寒冷，行动自如，让人佩服。

到了冬季睡眠时刻，由于大量积累脂肪，北极熊的体重可达 800 千克。北极熊的视力和听力与人类相当，但它们的嗅觉极为灵敏，是犬类的 7 倍，奔跑时速可达 60 千米，是世界百米冠军的 1.5 倍。

敏锐的嗅觉是北极熊善于寻找猎物的武器。它可以闻到 3 千米以外燃烧动物脂肪发出的气味。

智多星训练营

北极熊的毛是白色而稍带淡黄色的，但它的皮肤是黑色的，我们从它们的鼻头、爪垫、嘴唇以及眼睛四周的黑皮肤上就能看见皮肤的原貌。黑色的皮肤有助于吸收热量，这也是保暖的好方法。

北极熊头部较小，耳小而圆，颈细长，足宽大，肢掌多毛。

因为北极熊所处的环境周围都是白色，所以北极熊毛的白色起到了保护的作用。

最伟大的母亲——袋鼠

袋鼠可谓是动物界中最伟大的母亲。因为它会一直抚养小袋鼠直到它们长大。雌性袋鼠有一个育儿袋，可能正是由于这个特征，才有了袋鼠这个称号。“幼崽”或小袋鼠就在育儿袋里被抚养长大，直到它们能在外面的世界生存。

袋鼠每年生殖 1~2 次，小袋鼠在受精 30~40 天就出生。它们非常微小，无视力，少毛，生下后立即存放在袋鼠妈妈的育儿袋内。直到 6~7 个月才开始短时间地离开育儿袋学习生活。一年后才能正式断奶，离开育儿袋，但仍活动在袋鼠妈妈附近，随时获取帮助和保护。

袋鼠依靠强壮有力的后肢跳跃前行，速度非常快，时速可达到 50 千米以上。

袋鼠为植食性动物，吃多种植物，有的还以真菌为食。

袋鼠是发育不完全的动物，属于早产胎儿，需要在育儿袋里继续发育。母袋鼠育儿袋里有 4 个乳头，两个高脂肪，两个低脂肪，小袋鼠出生后即进入育儿袋，食用低脂肪奶水。

模仿能手——猕猴

猕猴是非常优秀的模仿家。它们非常喜欢模仿人的动作：当它们看到人们笑时就模仿人们笑；看到人们发愁时也模仿人们发愁。它们模仿人类的动作时，面部表情非常丰富。猕猴能够一只手捉虱子，另一只手梳理毛发，嘴里还不断地哼哼。当然，这是它们高兴时的表现。它们发怒时，通常紧锁眉头，龇牙怒目；悲伤时，则无精打采地缩成一团，一动不动。

猕猴是我国常见的一种猴类。其头部呈棕色，背上部为棕灰或棕黄色，下部为橙黄或橙红色，腹面呈淡灰黄色。猕猴多栖息在石山峭壁、溪旁沟谷和江河岸边的密林中或疏林岩山上，是群居动物。

日本猕猴一般由几个家庭组成，一个规模为20~100的群体，共同生活。

智多星训练营

猕猴以树叶、嫩枝、野菜等为食，也吃小鸟、鸟蛋和各种昆虫，甚至蚯蚓、蚂蚁。采食野果时贪婪嗜争，边采边丢，只食甜熟果子，未熟果直接丢弃。所以猕猴经过的地方往往遍地断枝弃果，对野果的可利用程度较低。因此它们必然要扩大觅食范围，活动时间也往往较长。

日本猕猴，也叫雪猴，是生活在日本北部的一种猕猴。它们可以在 -15° 的严酷环境中生活，在灵长类动物中较为少见。

短跑健将——汤姆森瞪羚

汤姆森瞪羚是体形类似于鹿的一种小型动物。它们身材较小，体态优美，是多种草原食肉动物渴望的美味。汤姆森瞪羚遇到天敌时唯一的武器就是逃跑，它们是非洲草原上的短跑亚军，最高速度能达到每小时 90 千米，令大部分捕食者都望尘莫及。即便是遇到动物世界的短跑冠军猎豹，凭借突然转向和更好的耐力，汤姆森瞪羚也能够摆脱敌人的追捕。

汤姆森瞪羚喜爱的食物是斑马和角马啃食后重新长出的嫩草，所以它们通常跟随在角马大军的后面行动。汤姆森瞪羚主要吃短草，但在旱季时也吃长草，它们不能离开水源太久。

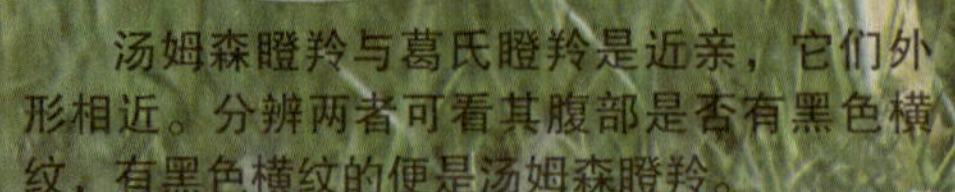

汤姆森瞪羚与葛氏瞪羚是近亲，它们外形相近。分辨两者可看其腹部是否有黑色横纹，有黑色横纹的便是汤姆森瞪羚。

汤姆森瞪羚的角竖直向上，在角上有一圈圈的螺纹，看起来十分有趣。

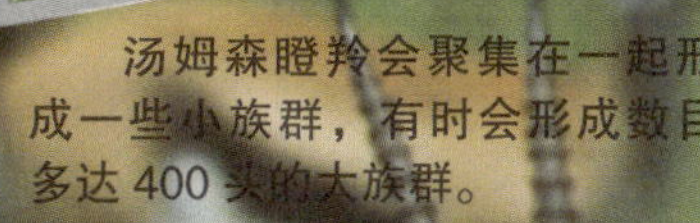

汤姆森瞪羚会聚集在一起形成一些小族群，有时会形成数目多达 400 头的大族群。

智多星训练营

汤姆森瞪羚发现捕食者时，会通过跳跃向同伴发出信息，从而使自己暴露在捕食者面前。汤姆森瞪羚的跳跃看上去好像是自我牺牲行为。但是，这些行为实际上也是个体的一种生存策略。捕食者首选的猎物是容易捕获者，而汤姆森瞪羚的跳跃是显示自己身强力壮，其目的在于让捕食者去捕食体弱无力者。

足智多谋的穿山甲

穿山甲是哺乳动物，主食蚁类，特别是白蚁，偶尔也吃蜜蜂等昆虫的幼虫。

有趣的是在捕食白蚁的过程中，穿山甲有时会设下圈套，让白蚁自动来送死。穿山甲先在蚁穴边躺下装死，一股浓烈的腥气从它们张开的鳞片里散发出来，飘向蚁穴。白蚁们闻到气味后纷纷出洞，把装死的穿山甲当作丰盛的大餐，蜂拥而上。这时，穿山甲把全身的肌肉紧缩，合拢鳞片，大部分白蚁就被关在鳞片内。穿山甲带着满身的白蚁跳进池塘，将白蚁抖落在水面上，然后，穿山甲就伸出舌头细细品尝战利品。不一会儿，水面上的白蚁就被吃光了。

纲：哺乳纲

目：鳞甲目

科：穿山甲科

智多星训练营

穿山甲的食量很大，一只成年穿山甲的胃，最多可以容纳 500 克白蚁。据科学家观察，在 250 亩林地中，只要有一只成年穿山甲，白蚁就不会对森林造成危害。可见穿山甲在保护森林、堤坝，维护生态平衡、人类健康等方面都起到了很大的作用。

除了腹部以外，穿山甲额头顶部至背、四肢外侧都长满了瓦状角质鳞片。

穿山甲的头呈圆锥状，吻尖而长，口腔内舌头细长，带有黏性唾液，利于深入蚁穴中取食。

沙漠之舟——骆驼

骆驼的体内能够储藏水和脂肪，所以它的耐饥渴能力极强。在干燥的沙漠中，人们常常骑着骆驼穿行，并靠它托运物品，因此骆驼有着“沙漠之舟”的美誉。一只骆驼，驮 200 千克重的货物，每天走 40 千米，能够在沙漠中连续走 3 天。无负重时，它每小时可跑 15 千米，连续 8 小时不停。所以，用“沙漠之舟”来形容它，是非常准确的。

骆驼鼻孔能开闭，且上唇分裂，便于在沙漠中取食低矮的植物。

自然档案馆

纲：哺乳纲

目：偶蹄目

科：骆驼科

在沙漠里行进，经常会遇到狂风四起、黄沙滚滚、天昏地暗的可怕情况。这时候，骆驼会不慌不忙地卧倒，闭上眼睛，浓密的长睫毛就像一层厚帘子，挡住风沙，保护眼睛。等大风沙过去了，它再站起来，抖掉身上的沙子，不声不响地继续上路……

智多星训练营

骆驼最大的本领是在沙漠中不停地跋涉，能十天半月不喝水。骆驼巨大的口鼻部是保存水分的关键部位。骆驼鼻子内层呈蜗形卷，增大了呼出气体通过的面积。夜间，鼻子内层从呼出的气体中回收水分，同时冷却气体，使其低于体温 8.3℃。据计算，骆驼的这些特殊能力可使它比人类呼出温热气体时节省70%的水分。

骆驼只有两种，即单峰驼和双峰驼。单峰驼比较高大，在沙漠中奔走自如，可以运送货物，也可以作为代步工具。双峰驼四肢粗短，更适合在沙砾和雪地上行走。

全能型动物——棕熊

棕熊是陆地上体形最大的哺乳动物，公熊的体重超过7个成年男子的体重。虽然身体沉重，但它们却是一种会跑、会爬、会游泳、会挖洞的全能型动物。甚至还可以跳跃，但会受体重的影响。虽然它们常常用后脚站立，但走路时仍然是四肢着地。

棕熊的嗅觉极佳，是猎犬的7倍。它们的视力也很好，在捕鱼时能够看清水中的鱼类。棕熊的吻部比较宽，有42颗牙齿，其中包括两颗大犬齿。和其他熊科动物一样，它们也是跎型动物，并长有一条短尾巴。

智多星训练营

棕熊是分布最为广泛的熊科动物，它们可在欧亚大陆和北美的很多地方被人们见到。目前来说数量最为稳定的棕熊群体位于俄罗斯和北美。棕熊是杂食动物，以许多东西为食，包括樱桃、根、嫩芽、真菌、鱼、昆虫及小型哺乳动物。

由于棕熊在6个月的冬眠期会消耗掉大量能量，因此它们从冬眠中醒来就四处捕食，储存脂肪。而对于生活在阿拉斯加州的棕熊来说，一年一度的鲑鱼大餐是它们能否安全过冬的关键。

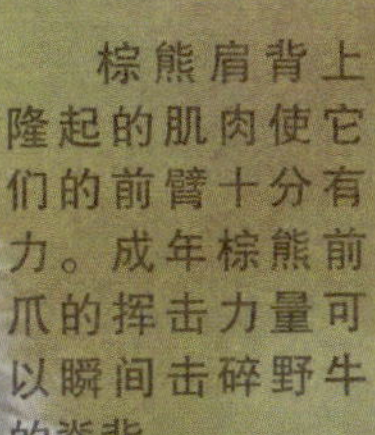

棕熊肩背上隆起的肌肉使它们的前臂十分有力。成年棕熊前爪的挥击力量可以瞬间击碎野牛的脊背。

自然档案馆

纲：哺乳纲

目：食肉目

科：熊科

小狗的散热方式

在炎热的夏天，狗会因为受不了酷热而张大嘴巴，吐出红红的舌头，呼呼地喘气。那它为什么要吐出舌头来喘气呢？

原来，汗腺分布于动物的皮肤上，对于整个生命体的新陈代谢起着非常重要的作用。汗腺的主要作用是排除体内产生的汗液或废物，这个过程同时也会散发体内产生的热量。在炎热的环境中，汗腺能起到维持一定体温的重要作用。因为狗的皮肤上没有汗腺，所以它才会吐出舌头来喘气散热。

智多星训练营

狗是由早期人类从灰狼驯化而来，驯养时间在 4 万年前至 1.5 万年前。狗是人类最早驯化的动物，被称为“人类最忠实的朋友”。

狗对陌生人的行为准则是根据自己视线的高度来判断对手的强弱。陌生人一靠近，从上面下来的压迫感会使它不安，若采用低姿势，它便会接受你。如果比它眼睛看到的高度更低，会使它更安心。

红眼睛的兔子

兔子的品种很多，毛色也不同。有白色的、黑色的、褐色的、灰色的……不知道你注意过没有，兔子是什么颜色，它的眼睛就是什么颜色。这是因为各种兔子的身体中含有不同的色素。比如灰毛兔的身体里含有灰色色素，所以它的皮毛和眼睛都是灰色的。

兔子性格温顺，惹人喜爱，是很受欢迎的小动物。

只有白色的兔子不同，它们的皮毛是白色的，眼睛是红的，这是怎么回事呢？原来白色兔子的身体里不含色素，所以它的皮毛是白色的，它的眼球也是白色的。我们看到的红眼睛，是它眼球里血液的颜色。

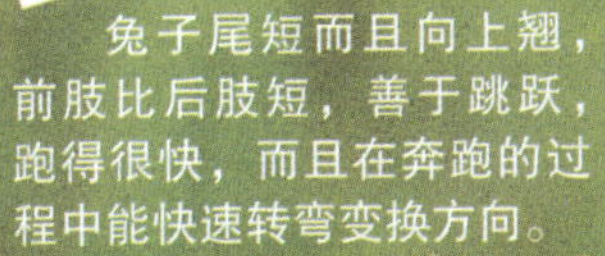

兔子尾短而且向上翘，前肢比后肢短，善于跳跃，跑得很快，而且在奔跑的过程中能快速转弯变换方向。

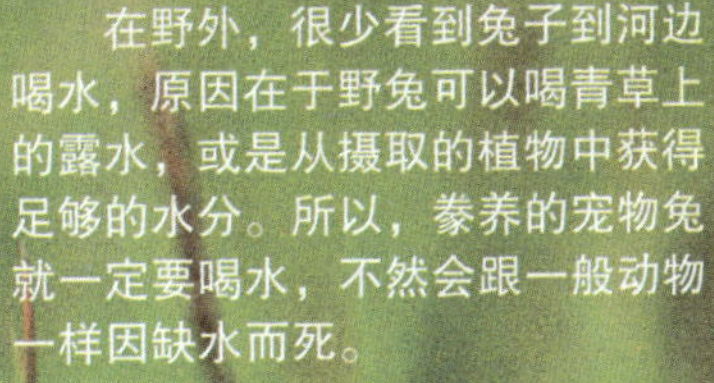

在野外，很少看到兔子到河边喝水，原因在于野兔可以喝青草上的露水，或是从摄取的植物中获得足够的水分。所以，豢养的宠物兔就一定要喝水，不然会跟一般动物一样因缺水而死。

兔子的视力范围差不多有360°，因此在后方发生的事，它们也可以看见。兔子可以看到很远的东西，包括人类肉眼看不见的东西。

自然档案馆

纲：哺乳纲

目：兔形目

科：兔科

像虎又像豹的美洲虎

美洲有一种著名的猫科动物，名叫“美洲虎”，又称“美洲豹”。很多人以为它是老虎家族的成员，但动物学家却不这样认为。其实美洲虎既不是虎，也不是豹，而是另外一种猛兽。由于它身上的花纹比较像豹，体形则接近于虎，而许多南美人又没有见过真正的虎和豹，于是就把它称作“美洲虎”或“美洲豹”，一直沿用至今。

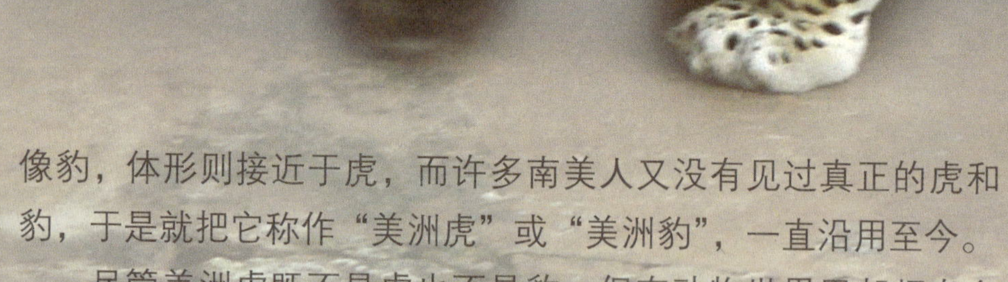

尽管美洲虎既不是虎也不是豹，但在动物世界里却颇有名气。它是西半球最大的猫科动物，体形小于虎而大于豹，体重可达 130 千克，凶猛程度不亚于虎和豹，而且还会爬树和游泳呢！

美洲虎上下颌的咬合力大得惊人，甚至能咬穿爬行动物的厚皮或是甲壳。

美洲虎外表形态和豹相近，但其体形一般比豹大，身躯也比豹健壮，圆斑中有黑点。

自然档案馆

纲：哺乳纲

目：食肉目

科：猫科

图书在版编目（C I P）数据

揭开神秘动物的面纱／崔钟雷主编. -- 北京：知识出版社，2014.8

（奇趣百科大揭秘）

ISBN 978-7-5015-8186-3

Ⅰ. ①揭… Ⅱ. ①崔… Ⅲ. ①动物－青少年读物 Ⅳ. ①Q95-49

中国版本图书馆 CIP 数据核字(2014)第 193096 号

奇趣百科大揭秘——揭开神秘动物的面纱

出 版 人　姜钦云

责任编辑　周玄

装帧设计　稻草人工作室

出版发行　知识出版社

地　　址　北京市西城区阜成门北大街 17 号

邮　　编　100037

电　　话　010-88390659

印　　刷　北京一鑫印务有限责任公司

开　　本　889mm × 1194mm　1/16

印　　张　8

字　　数　60 千字

版　　次　2014 年 9 月第 1 版

印　　次　2020 年 2 月第 3 次印刷

书　　号　ISBN 978-7-5015-8186-3

定　　价　28.00 元